*Alfred Maury*

I0500161

# La Géographie des Animaux

# des Animaux

**Le savoir
en poche**

ISBN : 978-1548276591


10  9  8  7  6  5  4  3  2  1

*Alfred Maury*

# La Géographie des Animaux

Le savoir
en poche

# Table de Matières

| | |
|---|---|
| **Introduction** | 6 |
| **Section I** | 7 |
| **Section II** | 16 |
| **Section III** | 26 |

# Introduction

L'étude des migrations des peuples est certainement l'une des branches les plus curieuses et les plus difficiles de l'ethnologie. La solution des problèmes qu'elle soulève réclame l'intervention des sciences les plus diverses et le rapprochement des données en apparence les plus hétérogènes. Si, pour se retrouver dans le vaste labyrinthe que tracent sur la carte du globe les routes suivies par les diverses races humaines, il est indispensable de réunir un pareil faisceau de lumières, quels efforts ne sont pas nécessaires pour recomposer l'ensemble des migrations des animaux ! L'homme parle, écrit, se souvient, son histoire la plus lointaine a toujours pour base quelques traditions ou quelques monuments ; mais les animaux sont muets, ils ne laissent de leur passage d'autres traces que leurs ossements ou leur enveloppe : ils n'élèvent aucun monument durable qui puisse attester leur présence, et le naturaliste en est réduit à scruter l'empreinte de leurs pas et à recueillir jusqu'à leurs excréments. Cependant cette histoire des changements qui se sont opérés dans l'habitat des espèces animales, des révolutions par lesquelles a passé la carte zoologique, des conquêtes de certaines espèces et du démembrement de l'empire de certaines autres, se rattache aux questions fondamentales de l'histoire du globe, aux phénomènes les plus intéressants de la géologie. Quoique l'on n'ait, pour découvrir les migrations anciennes des différentes classes d'êtres organisés, que des éléments incomplets et dispersés, il est toutefois possible, par l'étude des fossiles et une comparaison attentive entre l'ordre présent et les ordres passés, de tracer les linéaments généraux de ce qu'on appelle la géographie des animaux. En suivant les changements qui se sont opérés à différentes époques dans la distribution des espèces animales, on arrive à saisir quelques-unes des lois qui président à la répartition des êtres. L'étude de l'état présent est naturellement la plus facile et la plus complète. Depuis trente ans environ, les faunes locales ont été décrites avec tant de soin, qu'il est aisé de tracer la carte des régions fréquentées par chacune des espèces connues. Quant à déterminer la distribution des espèces aux âges qui ont précédé la période actuelle, c'est une œuvre nécessairement subordonnée aux progrès de la paléontologie. On possède cependant certaines données importantes qui serviront de jalons dans la voie à parcourir, et d'où l'on peut dès aujourd'hui tirer des conséquences du plus grand intérêt. Nous allons donc essayer de faire connaître séparément les résultats principaux de la géographie zoologique et ceux de la paléontologie, envisagée au point de vue de la répartition des espèces détruites ou déplacées, et le rapprochement de ces résultats respectifs nous montrera ce que la science connaît jusqu'à présent de l'histoire des migrations.

## Section I

Les animaux ne sont pas répandus au hasard sur le globe ; la présence de chaque espèce dans un endroit déterminé dépend d'un ensemble de conditions intimement liées à l'organisation et au genre de vie de l'animal. Tous les êtres sont clans une dépendance marquée de la nature au sein de laquelle ils prennent naissance et se développent, et cette dépendance est d'autant plus grande que l'animal a des besoins plus nombreux à satisfaire, que son organisme est plus susceptible d'être influencé par le milieu ambiant. De là une répartition très inégale des espèces ; celles qui trouvent aisément les conditions suffisantes à leur conservation sont beaucoup plus répandues que les animaux dont l'habitat et l'alimentation exigent des conditions spéciales. On ne doit donc pas s'étonner si, en traçant sur la carte les lignes qui servent de frontières au domaine de chaque espèce, on observe d'énormes inégalités et d'apparentes anomalies. Tandis que certains animaux sont répandus sur le tiers ou la moitié du globe, il en est d'autres qui demeurent confinés sur une superficie qui n'excède pas trois ou quatre mille lieues carrées. Toutefois ces empires assignés à chaque espèce ou à chaque genre n'ont pas une circonscription aussi nettement tracée que nos états européens. L'animal est de sa nature un être errant ; il est d'autant plus nomade que la contrée où il cherche sa nourriture s'épuise plus vite. Il parcourt parfois de vastes espaces, et s'il est doué d'une grande puissance de locomotion, il pousse souvent des reconnaissances au-delà de ses frontières naturelles. Il vit comme les peuples nomades, cherchant sans cesse un nouvel abri, revenant à celui qui convient à ses habitudes, se déplaçant suivant les saisons et se laissant entraîner à la poursuite des êtres dont il fait sa nourriture. De là des migrations qui prennent chez certaines espèces le caractère de voyages périodiques et lointains, car les soins de la reproduction conduisent les animaux, et surtout les oiseaux et les poissons, dans les régions les plus favorables à la ponte et à l'éclosion de leurs œufs. Ce sont ces déplacements à grande distance qui ont plus particulièrement reçu le nom de migrations, et que tout le monde a observés chez les hirondelles, les canards sauvages, les maquereaux et les harengs. En réalité, presque tous les animaux, et plus particulièrement les oiseaux et les poissons, émigrent suivant les saisons, soit en troupe, soit isolément. Tandis que le plus grand nombre va chercher à des distances variables une nourriture qui lui fait défaut dans le canton qu'il abandonne et un emplacement convenable pour l'éducation de sa progéniture, quelques individus demeurent sédentaires, et n'ont pas besoin de gagner des régions lointaines pour échapper à la disette et au froid. La domesticité ou la quasi-domesticité, en assurant à l'animal l'abri et la nourriture, lui enlève ses habitudes errantes et l'attache dans les pays où l'homme vient à son aide. Le voisinage des villes ou des lieux habités attire certaines espèces et les fixe ; la concentration des animaux domestiques leur procure des ressources qu'ils seraient obligés de quêter çà et là dans des contrées sauvages. Plusieurs, après avoir abandonné un pays, y reviennent tout à coup, parce que les causes qui les avaient fait émigrer ont disparu. Le célèbre naturaliste suédois Nilsson a signalé dans sa patrie l'apparition en 1825 de la chauve-souris, *vespertilio noctula*, que n'avaient rencontrée ni Linné ni aucun des explorateurs de la Suède, et la réparation de la cathédrale de Lund, en mettant plus tard au jour dans les murs de cette église les ossements d'un grand nombre des mêmes vespertilions, vint démontrer que sept cents ans auparavant, ces animaux étaient fort nombreux dans le sud de la péninsule Scandinave. La *motacilla alba* disparut de même en Suède pendant trente ans environ.

Ainsi la carte zoologique est nécessairement variable, et l'on ne saurait indiquer que par des à-peu-près l'étendue relative assignée à chaque espèce. Toutefois les déplacements de l'animal ne peuvent, sauf quelques exceptions, dépasser certaines limites extrêmes, au-delà desquelles il y a pour lui impossibilité de vivre et de se propager. On arrive à formuler pour chaque genre et pour chaque espèce de véritables lois de distribution qui fournissent à la géographie zoologique des principes certains. L'animal a été créé pour vivre et se reproduire ; quelque vaste que soit la région qu'il habite, il se fixera dans les seuls endroits qui renferment la nourriture dont il a besoin et lui fournissent le genre d'abri ou de support pour lequel il a été organisé. Un naturaliste hollandais auquel on doit de précieuses observations de géographie zoologique, H. Schlegel, a remarqué qu'à Sumatra l'orang-outang et le semnopithèque nasique se retrouvent toujours dans des circonscriptions de même nature et ne hantent jamais, même à peu de distance, des cantons qui ne leur conviendraient qu'imparfaitement. Sur les montagnes, à des hauteurs différentes, on observe souvent des animaux différents, parce que les zones d'élévation constituent autant de régions physiques distinctes. Chaque espèce a donc un point du globe qui est comme son berceau et d'où elle rayonne en différents sens, jusqu'aux points où les conditions qui lui sont Indispensables cessent de se manifester. Cependant elle n'atteint pas toujours ces limites : des obstacles dus au relief et à la disposition du sol peuvent en effet s'opposer à sa propagation, ou bien sa faculté de locomotion n'est pas assez énergique pour lui permettre de si lointaines migrations. C'est ainsi que les animaux de la pente occidentale des Cordillères ne se retrouvent généralement pas sur le versant oriental, les cimes des Andes formant une barrière que ces animaux ne sauraient franchir. On ne rencontre dans les nombreuses îles de l'Océan-Pacifique presque aucun serpent, quoique le grand archipel indien appartienne aux régions de la terre qui en sont le plus peuplées ; ces reptiles n'ont pu traverser les bras de mer qui séparent la Polynésie de la Malaisie. Ce n'est que dans des cas exceptionnels, lorsqu'elles sont poussées par la faim, entraînées par un instinct commun à tous les individus, qu'on voit tout à coup des espèces envahir des contrées qui leur étaient étrangères. C'est ainsi que des nuées d'insectes ailés, et même non ailés, s'abattent quelquefois sur un pays séparé de la région qu'ils habitaient par de puissantes barrières. Les sauterelles ont de la sorte traversé par myriades le canal de Mozambique pour fondre sur Madagascar. D'autres bandes ont franchi la Méditerranée et pénétré de Barbarie en Italie. De véritables bancs de chenilles ont tenté de passer des rivières ; des papillons se sont montrés par milliers sur certaines côtes, après avoir franchi la mer. Cependant ces cas sont rares et peuvent être considérés comme des perturbations dans les grandes lois de la distribution zoologique. D'ordinaire les animaux se déplacent moins soudainement ; ils avancent ou reculent selon les changements atmosphériques ; ils règlent dans chaque contrée leur habitat sur la nature des lieux et le climat. Voilà pourquoi une espèce qui, dans les régions boréales, fréquente les plaines, se retrouve dans les montagnes des contrées plus méridionales. Ainsi le beau papillon appelé *Parnassius Apollo* vit en Suède dans les lieux plats et sur la pente des collines, et dans les Alpes, les Pyrénées, l'Himalaya, il se tient à de grandes hauteurs, car il y retrouve la température des plaines de la Suède. Un autre insecte, le *carabits auratus*, qui voltige dans nos plaines, ne se rencontre en Italie que sur les plus hautes montagnes.

L'aire qu'occupe chaque espèce dépendant surtout des conditions climatologiques auxquelles sont liés les moyens d'alimentation et de propagation, elle s'agrandira ou se rétrécira suivant les changements de la température et ceux de la végétation, suivant l'aspect nouveau que prendront les lieux. De nouvelles cultures chasseront tel animal d'un pays et y appelleront tel autre. Le dessèchement des étangs ou l'altération des eaux en troublera la population ichthyologique. L'arrivée ou le départ de certaines espèces déterminera l'apparition ou la disparition des espèces carnassières qui en font leur proie. Depuis qu'on a multiplié dans le bassin de Paris les plantations de pins, on y trouve la *lamia œdilis*, insecte du nord de l'Europe, qui était auparavant tout à fait étranger à nos pays. Audubon, le grand ornithologiste américain, a remarqué que l'extension des cultures et toutes les révolutions qu'elle entraîne dans le Nouveau-Monde avaient modifié les migrations de certains oiseaux, les avaient rendues plus fréquentes et plus lointaines ; les oies, les canards, les pélicans, vont chercher aujourd'hui dans le nord des localités où ils puissent élever leurs petits, quand auparavant ils restaient dans des régions moins septentrionales que l'homme n'avait point encore rendues inhabitables pour eux. De tout cela résultent des migrations qui s'opèrent sans cesse sous nos yeux, des déplacements progressifs qui tendent à une distribution sinon nouvelle, au moins notablement distincte de celle des siècles derniers.

L'aire d'un animal est d'autant plus étendue sur le globe, que son alimentation est moins exclusive, son organisation plus flexible et plus propre à se modifier selon les climats, ses habitudes moins particulières et moins étroitement liées à telle nature de terrain, à telle disposition des lieux. De ces animaux dont l'organisation est souple et l'alimentation presque omnivore, il est difficile de déterminer la véritable patrie ; le cosmopolitisme est tellement dans leur nature, qu'on ne saurait dire quelle est la contrée la plus propre à leur développement. La difficulté disparaît pour les espèces dont l'aire est très bornée, dont le rayonnement s'est arrêté à de faibles distances. Leurs régions originelles sont nettement tracées, et ils sont fort propres à caractériser les différentes zones zoologiques. Ainsi tandis que le faucon pèlerin promène son vol hardi au-dessus de toutes les terres, que les dauphins et les marsouins folâtrent à la surface de toutes les mers, que le papillon appelé *vanessa cardui* se retrouve à la fois dans l'Europe méridionale, la Barbarie, le Chili et l'Australie, le condor et le lama ne quittent pas les hauteurs des Andes, l'ornithorhynque, le plus bizarre peut-être de tous les animaux, reste confiné en Australie ; un grand nombre d'espèces dans la classe des reptiles ont des aires extrêmement circonscrites, et ce sont peut-être ces animaux qui se prêtent le mieux à la détermination des provinces zoologiques.

Les espèces marines étant soumises à moins d'influences que les animaux terrestres, en raison du milieu qu'elles habitent, leur distribution est naturellement plus simple ; elle ne présente guère ces anomalies qui dérangent si souvent sur la carte la régularité d'une faune. Séjournant presque toujours dans les eaux, les cétacés, les reptiles marins, les poissons, les mollusques, les zoophytes échappent à l'action hygrométrique de l'air, aux mille modifications du climat. Quoique encore variable, la température est cependant plus uniforme au sein des mers ; les animaux marins ne sont pas obligés de se cantonner dans de petits espaces, au risque de mourir de froid, de chaud ou de faim. L'Océan est comme une grande plaine liquide, il a toute l'uniformité de la steppe ou du désert ; aussi la température générale de la zone à laquelle une mer appartient, la nature du fond, voilà à peu près les seules causes qui règlent la distribution des animaux marins. Les coquilles et les poissons changent d'aspect suivant les latitudes et les profondeurs ; les espèces qui fréquentent les côtes basses et les bancs sous-marins diffèrent des animaux qu'on pêche dans la haute mer, à la même profondeur ; la froidure des eaux suffit à elle seule pour expliquer la diversité des faunes maritimes en apparence placées dans les mêmes conditions. La côte occidentale de l'Amérique n'a pas d'affinité zoologique avec les îles de la mer Pacifique, parce que la température des eaux y est tout à fait différente.

Les courants venus des tropiques réchauffent dans certaines directions l'Océan, et tendent ainsi à déranger la relation naturelle qui existe entre les frontières de chaque espèce et les degrés de latitude. Depuis que M. le lieutenant Maury, par ses beaux travaux sur les courants, est parvenu à dresser une carte complète des fleuves et des rivières qui se forment au sein même des mers, on a saisi une liaison étroite entre le mode de répartition de ces courants et la distribution des mollusques et des crustacés. Un habile naturaliste américain, M. Dana, a mis ces faits en évidence dans un travail curieux. MM. Ed. Forbes et Löven ont démontré, par une étude attentive de la distribution des poissons et des mollusques, que plus facilement une espèce peut vivre à des profondeurs différentes sur le même littoral, plus aussi elle se propage sur de grandes étendues en surface. Ainsi certaines espèces de poissons dont l'aire est considérable peuvent, en s'élevant ou en s'abaissant au sein des eaux, choisir sous chaque latitude la localité qui leur convient ; d'autres au contraire ne sortent pas d'une région assez limitée. Que la nature des eaux, après avoir changé dans l'étendue de toute une mer, redevienne ce qu'elle était à une distance de quelques milliers de lieues, les formes animales reparaîtront à peu près les mêmes ; la similitude de conditions semble amener le retour des mêmes types. Le navigateur James Ross a observé dans les profondeurs des mers antarctiques plusieurs des espèces qui caractérisent la faune arctique. On trouve dans la mer de Chine et du Japon les mêmes espèces de requin qui fréquentent les côtes de l'Australie. Toutefois on doit reconnaître, avec le célèbre naturaliste J. Richardson, que les poissons doués d'une grande puissance de locomotion se transportent parfois assez loin de leur région propre ; les espèces tropicales remontent aisément vers le nord, et la présence des archipels contribue beaucoup à leur propagation. Si les côtes opposées de l'Afrique et de l'Amérique offrent une population ichthyologique très différente, c'est qu'elles sont séparées par une mer profonde et étendue, sans chaîne d'îles transversales.

La vie animale est singulièrement développée au sein des eaux. À toutes les profondeurs, il y a des êtres animés ; mais à mesure que l'on s'enfonce, le nombre des espèces et des individus diminue. Ed. Forbes, qu'une mort prématurée a enlevé à la géographie zoologique, distinguait dans les mers, jusqu'à une profondeur de deux cent trente brasses, huit régions, ayant chacune sa faune propre. Dans la Méditerranée, quand la ligne de sonde atteint trois cents brasses, toute vie animale a disparu. L'appareil de Brooke, qui est une sonde perfectionnée, a permis de ramener de plus grandes profondeurs une immense quantité de coquillages microscopiques ; mais ces coquillages paraissent avoir été détachés par le mouvement des eaux du sol qui fait le fond de l'Océan, et dans les couches duquel ils étaient déposés. Au reste, les limites des zones zoologiques ne sont pas plus nettement tracées dans les mers que sur les continents, et une espèce subsiste encore à une certaine profondeur, que déjà l'on voit apparaître l'espèce de la région limitrophe.

Ce qui achève de rapprocher les lois de la distribution de la vie dans les eaux et sur les terres, c'est que la profondeur des mers, de même que la hauteur des montagnes, reproduit en quelque sorte l'échelle des latitudes. Une montagne offre à ses différentes stations des fleurs analogues à celles qui se présentent successivement aux regards si l'on voyage de l'équateur aux pôles ; de même, plus on s'enfonce dans l'Océan, plus on trouve une faune semblable à celle des mers polaires. Ce qui démontre bien que, malgré l'espace libre ouvert par l'Océan aux espèces qu'il renferme, les conditions de température, de profondeur et la nature du fond créent pour celles-ci des frontières aussi infranchissables que nos montagnes, c'est qu'il est des familles entières d'animaux marins qui ne se sont jamais avancées hors des mers où elles sont cantonnées. Quoique les *hydrophis* ou serpens de mer, qu'il ne faut pas confondre avec le fabuleux animal de ce nom, infestent les mers des Indes, de la Chine et de la Polynésie, ils ne dépassent jamais la côte de Malabar.

On n'a point encore complètement établi la carte des lieux fréquentés par chaque espèce terrestre ; mais les lignes principales ont été tirées. On a reconnu l'existence de grandes frontières qui peuvent servir pour les divisions générales. Les aras, perroquets aux joues dégarnies de plumes, s'éloignent peu de l'équateur et dépassent à peine au sud le 17e degré. En Asie, le chameau commence à se montrer là où l'éléphant disparaît, et ce dernier animal ne se rencontre pas à l'état sauvage dans l'Indo-Chine, au nord du 21e degré 21 minutes de latitude. En Asie, le singe a pour limite extrême le 35e degré latitude nord. Un magot (*inuus speciosus*) se rencontre encore aux îles Sikokf et Kiu-siu dans l'archipel du Japon. Ces quadrumanes suivent en général dans leur distribution celle de la famille des palmiers, et s'ils remontent à une latitude aussi boréale dans le Japon, c'est que ces grands monocotylédones y viennent toucher aux conifères. Dans l'Amérique australe, les singes ont disparu dès le 29e degré latitude sud.

En thèse générale, la chaleur est favorable au développement de la vie animale. Comme dans les contrées tropicales ou subtropicales la flore est en général plus riche, les animaux herbivores bu frugivores trouvent une nourriture plus facile et plus variée ; l'accroissement de ces espèces fournit en retour aux animaux carnassiers une proie plus abondante. L'élévation de la température est d'ailleurs liée à une certaine force de création dont nous ne saurions définir la loi. Aussi est-ce dans les pays très chauds que nous rencontrons les crocodiles et les grandes tortues, les plus beaux représentants de l'espèce féline, les plus monstrueux des pachydermes, et les singes, ceux des animaux qui se rapprochent le plus de l'homme ; les chauves-souris ou chéiroptères, inconnues aux régions polaires, sont représentées dans l'archipel indien par une famille particulière, les galéopithèques, que ses fortes dimensions et son organisation rapprochent des makis ou singes à museau de renard ; l'autruche et le condor, oiseaux monstrueux, appartiennent aux régions voisines des tropiques ; les plus gros des coléoptères, le scarabée *Goliath*, le *copris Midas*, le bucéphale géant, habitent également les régions chaudes, et un autre insecte gigantesque, l'*énoplocère épineux*, est propre aux Indes-Orientales. Une espèce dont les dimensions ne sont pas moins étonnantes, le *mormolyce phyllode*, appartient en propre à l'île de Java.

Plus on avance de l'équateur aux pôles, moins il y a de différences entre les faunes de chaque région de la même zone, en sorte qu'au voisinage du cercle arctique on ne trouve plus qu'une faune commune à toutes ces régions glacées, au-delà desquelles la vie s'arrête complètement. Cependant ces lois générales ont leurs exceptions ; certains genres rencontrent dans les pays froids des conditions plus propres à leur développement, et c'est là qu'on les voit représentés par les espèces les plus fortes et les plus monstrueuses. Tout le monde connaît le gigantesque ours blanc ; citons aussi l'ours de la Russie, dont le jardin zoologique de Londres possède un si énorme spécimen dans son *prince Menchikof*. La chouette laponne et la chouette harfang nous fournissent dans les contrées arctiques les plus beaux représentants de la tribu de ces oiseaux de nuit. Dans les contrées où le ciel est presque toujours brumeux, les chouettes épervières tiennent la place de nos grands oiseaux de proie. Il est à noter que ce sont généralement les animaux qui fréquentent les rivages ou vivent au milieu des mers qui présentent dans les climats froids les plus beaux types. Sur les continents et dans les îles, c'est entre les tropiques que la vie éclate avec le plus d'énergie ; dans l'Océan, l'inverse a lieu, et nombre de genres présentent des espèces d'autant plus fortes et d'autant mieux organisées que la latitude est plus élevée, pourvu qu'on s'arrête au point au-delà duquel aucun animal ne peut plus vivre. Les phoques, les morses, les baleines, habitent surtout les mers polaires. M. Dana a remarqué que les crustacés marins des zones froides appartiennent généralement à une organisation plus élevée que ceux des mers tropicales. Les espèces dont le type offre sous la zone arctique un organisme supérieur s'abâtardissent à mesure que l'on se rapproche des tropiques. Dans les mers glaciales, là où les eaux ont une transparence parfaite, on rencontre souvent des espaces de 20 à 30 milles marins carrés et d'une profondeur de plus de 500 mètres, où les animalcules fourmillent à ce point que Scoresby estime qu'il ne faudrait pas moins de 5,000 ans à 20,000 personnes pour compter ceux que renferment seulement 2kilom.,50 d'eau. Ainsi donc vers les pôles tandis que la vie abandonne les continents, elle n'en devient que plus luxuriante au sein des mers. D'une température plus chaude et plus uniforme que les terres, les eaux marines présentent aux animaux des conditions plus favorables de développement.

Alfred Maury

Quand on considère l'ensemble des types dont se compose le règne animal, on reconnaît qu'ils peuvent se répartir à peu près en deux classes, les types tropicaux et les types subpolaires. La zone torride et la zone tempérée froide s'offrent donc comme les pôles de la faune du globe, et les caractères qu'elles entraînent prédominent tour à tour dans chaque pays, selon sa température spéciale. Il ne faut pas croire cependant que les genres et les espèces se conservent toujours avec une pureté de traits qui permette de reconnaître leur origine subpolaire ou tropicale. Les animaux des régions intermédiaires présentent aussi leurs caractères propres, et plusieurs espèces ne se rencontrent même que dans telle ou telle région moyenne. Cela tient à ce que les types s'abâtardissent et s'altèrent, quand ils s'éloignent des lieux pour lesquels ils paraissent avoir été créés. Les genres tropicaux dégénèrent lorsqu'ils s'avancent vers le nord ou vers le pôle austral ; les genres propres aux contrées boréales ou australes dégénèrent à leur tour quand ils se rapprochent des tropiques. Et ce fait, sur lequel nous voudrions appeler l'attention, permet souvent de reconnaître à laquelle des deux régions opposées on doit rapporter la naissance de certains animaux. Si, comme tout le fait supposer, l'espèce humaine est une dans son organisation, on doit conclure de son abâtardissement dans les régions équatoriales et polaires qu'elle a pris naissance dans une contrée tempérée, d'où elle s'est répandue suivant deux directions opposées. L'homme appartiendrait dans ce cas à la catégorie des types subpolaires, à la différence des singes, qu'il faut incontestablement classer parmi les types tropicaux.

Les variations que subissent les types zoologiques en s'éloignant du lieu de leur origine déterminent l'apparition d'espèces intermédiaires qui se modifient incessamment d'après les conditions spéciales où elles se développent. Aussi des contrées voisines n'offrent-elles jamais des faunes radicalement tranchées, et l'on passe en réalité par degrés insensibles d'une faune à une autre. Des genres, des espèces identiques se retrouvent sur de vastes continents et n'offrent d'une région à l'autre que des différences qui ont tout le caractère de variétés locales dues à des influences particulières. Par exemple le chacal du Cap (*canis mesomelas*) est remplacé dans les parties septentrionales de l'Afrique par une variété à teinte claire n'ayant pas de noir sur le dos (*canis variegatus*) ; le daman et le zorille du Cap ne diffèrent de ceux du nord de l'Afrique que par des teintes plus prononcées ; la genette du Cap, qui habite aussi l'Espagne, est remplacée au Sénégal et en Abyssinie par une variété à teinte plus pâle. Au lieu de l'ichneumon d'Égypte, on trouve à la pointe australe de l'Afrique une variété locale à pelage plus foncé. Chaque contrée a aussi en Afrique sa variété propre d'antilope. Notre corbeau est remplacé aux îles Féroë par une variété à teinte mêlée de blanc. On pourrait multiplier indéfiniment de tels exemples.

Les régions de la terre présentent des différences plus tranchées quand on se déplace par latitude que lorsqu'on marche en longitude ; il en résulte un effet corrélatif dans la variation des espèces. Si l'on passe au-delà de l'équateur, on ne trouve pas toujours sous les zones australes les mêmes genres, et, à plus forte raison, les mêmes espèces que sous les zones boréales correspondantes, bien que l'ensemble des caractères zoologiques apparaisse le même. Les analogies des genres et des espèces sont beaucoup plus frappantes quand on procède par longitudes isothermales. Ce ne sont plus seulement des genres voisins ou identiques que l'on rencontre, mais des espèces souvent absolument semblables.

Les variations des caractères spécifiques sont à la fois si multiples et si diverses dans leur étendue, qu'il est parfois difficile de décider si l'on a devant les yeux des espèces nouvelles ou de simples variétés locales. Aussi les naturalistes sont-ils loin de s'entendre sur le nombre des espèces, et tandis que les uns n'en reconnaissent qu'un petit nombre, d'où ils font dériver une foule de variétés, les autres créent incessamment de nouvelles espèces, et subdivisent les races animales à l'infini. Cette incertitude ajoute aux difficultés de la géographie zoologique et entrave la solution de bien des questions d'origine indispensables à décider, si l'on veut avoir une idée exacte du mode de distribution des créatures. Plus on multiplie les espèces, plus on est entraîné à admettre de nouveaux centres de création, et moins on accorde à l'action modificatrice du climat et des lieux, dont l'influence est cependant incontestable.

## Section II

Rien ne s'opposerait à ce qu'on admît un grand nombre de centres de création, si la faune du globe avait toujours été ce qu'elle est aujourd'hui, et si l'on pouvait croire que tous les animaux ont apparu à la même époque ; mais la paléontologie nous enseigne le contraire. Elle nous apprend non-seulement qu'il y a des espèces perdues et éteintes depuis des siècles, depuis des milliers d'années, mais que de plus la distribution des genres et des espèces qui se rencontrent actuellement a été différente aux âges antérieurs. Abandonnant l'idée

que les animaux ont été détruits à la suite de cataclysmes immenses
et de convulsions subites pour être remplacés par d'autres, les géologistes ont été amenés à reconnaître que, durant de longues périodes,
des changements se sont graduellement opérés dans la répartition
des continents et des mers et la constitution des climats locaux. Les
animaux d'une époque, qui avaient échappé aux causes lentes de
destruction de l'époque précédente, ont continué d'exister comme
par le passé, mais se sont différemment distribués. Sans doute, à mesure qu'on s'est approché de la période actuelle, les mouvements du
sol se sont adoucis et simplifiés ; des changements profonds n'en ont
pas moins eu lieu. De là une succession non interrompue de migrations et de déplacements qui ont abouti à l'ordre contemporain,
lequel est loin d'être permanent.

Pour nous rendre compte de la distribution actuelle des espèces
animales, il faut donc remonter aux âges antérieurs, et en particulier aux périodes quaternaire et tertiaire, qui ont immédiatement
précédé la nôtre. Il est vrai que, dans le cours de chaque nouvelle
période, de nouveaux types ont apparu, d'autres sont nés des modifications profondes éprouvées par des types déjà existants. Des
animaux inconnus aux âges primitifs sont venus se joindre à ceux
que les révolutions progressives du sol forçaient à se déplacer. La
période quaternaire, appelée aussi, mais improprement, diluvienne,
a laissé en divers points de la surface terrestre de nombreux dépôts
qui attestent son existence et sa durée. Jadis ces dépôts étaient étu-
diés en bloc, et l'on ne savait pas y distinguer des âges différents.
Aujourd'hui on divise généralement la période quaternaire en deux
grandes phases, ou, comme disent les géologistes, deux étages. Un
ingénieur des mines qui s'est plus particulièrement livré à l'étude de
ces terrains, M. Scipion Gras, compte même en France trois étages.
M. d'Archiac, auquel on doit une intéressante histoire des progrès de
la géologie, reconnaît pendant l'époque quaternaire cinq périodes,
dont trois paraissent avoir été de longue durée. Quoi qu'il en soit
de ces divisions, encore assez incertaines, on peut affirmer que la
période quaternaire embrasse des changements qui ont eu une
grande généralité. Des exhaussements se sont produits lentement
dans le niveau des mers et ont été suivis de retrait. Les oscillations
de niveau de l'Océan et des terres ont amené des révolutions atmosphériques. À l'ancienne température torride et assez uniforme du
globe succédèrent des alternatives de froid et de chaud. D'immenses
glaciers prirent naissance et poussèrent devant eux des blocs erra-
tiques. La fusion des glaces détermina de vastes inondations ; des

glaçons monstrueux balancèrent au loin sur les eaux les rochers qui s'étaient détachés. De grandes rivières se creusèrent un lit et charrièrent des alluvions qui finirent par les combler. Comment, en présence de pareils phénomènes, l'état zoologique de la terre aurait-il été permanent ? La configuration des continents ne présentait pas les apparences qu'on observe depuis l'époque historique. En Europe, par exemple, rien n'était semblable à ce qui existe aujourd'hui. L'Angleterre faisait corps avec l'Irlande, et était unie à l'Allemagne par de vastes plaines ; le bras de mer de la Manche ne s'était point encore ouvert un passage. Le détroit s'est formé par des dépressions successives, à mesure que des mouvements inverses faisaient diminuer la Mer du Nord, qui s'étendait dans le principe jusque vers les Alpes et l'Oural, et couvrait même une partie des îles britanniques. D'un autre côté, la Sicile fut sans doute jointe à l'Afrique pendant une partie de cette période. Une semblable configuration a naturellement déterminé une distribution des animaux fort différente de celle que nous avons sous les yeux. La paléontologie constate actuellement que, durant l'époque quaternaire, il s'est développé des milliers de générations successives de mammifères de diverses sortes ; il existait une faune de mollusques terrestres et de mollusques d'eau douce, dont les espèces les plus fragiles se sont perpétuées jusqu'à nos jours à peu près dans les mêmes distributions géographiques. Sur cinquante-sept espèces qui apparaissent dans les plus anciens dépôts quaternaires, cinquante-quatre sont encore vivantes. Ainsi, durant la période qui a précédé la nôtre, l'Europe changea plusieurs fois de population animale, et tout donne à penser que ces changements correspondent à ceux qui se sont opérés dans le relief et dans les rapports relatifs des continens et des mers.

On doit à M. Lartet de curieuses recherches sur les migrations qu'ont dû jadis accomplir les mammifères de l'Europe. Ce savant a constaté l'existence de deux faunes très distinctes durant l'époque quaternaire. Dans l'une viennent se ranger l'éléphant d'Afrique, le rhinocéros bicorne du Cap, deux espèces d'hippopotame, le lion, la panthère, le serval, l'hyène rayée et l'hyène du Cap, la genette, le porc-épic, le sanglier, l'antilope. Ces animaux habitaient nos régions ; mais les changements qui s'y opérèrent graduellement les firent émigrer presque tous en Afrique, où on les retrouve aujourd'hui. Toutefois quelques-unes de ces espèces tropicales restèrent dans les parties méridionales de leur ancienne patrie : le magot, singe qui habite encore les environs de Gibraltar, la genette et la mangouste d'Espagne, ont été comme les traînards de cette grande armée qui envahit jusqu'au sud de l'Afrique. Il est probable que le porc-épic, le sanglier, le loir, le mouton et la chèvre sont aussi des débris de la vieille faune européenne. Cette migration s'est effectuée dans le sens du méridien, et la distance entre les points extrêmes de l'habitat ancien de certaines espèces et de leur habitat nouveau n'est pas moindre de 80 degrés en latitude.

La seconde division établie par M. Lartet nous représente la faune qui succéda à la population tropicale de l'Europe ; c'est elle qui nous a fourni la plus grande partie de nos mammifères actuels. La température de nos régions s'était alors singulièrement abaissée ; aussi les animaux qui, durant la période précédente, peuplaient la Sibérie s'avancèrent-ils jusqu'au centre de l'Europe, se déplaçant en longitude sur un espace de 70 degrés. Tandis que la France, l'Espagne, l'Italie, l'Allemagne et l'Angleterre commençaient à perdre les énormes proboscidiens, ou pachydermes à trompe, qui y habitaient depuis l'âge tertiaire, un éléphant propre aux climats septentrionaux, l'*elephas primigenius*, gagnait peu à peu notre pays, où l'on retrouve ses restes dans les dépôts diluviens. Depuis longtemps avaient disparu d'autres proboscidiens que l'on ne rencontre plus après la période dite miocène, ou celle plus récente qu'on nomme pliocène : je veux parler du dinothérium et des mastodontes, qui comptent plusieurs espèces. Avec l'éléphant de Sibérie vivaient un autre pachyderme des mêmes climats, le rhinocéros *tichorhinus*, et plusieurs espèces boréales, le bœuf musqué, le renne, le glouton, le lemming. Ces animaux, après avoir pénétré jusqu'au cœur de l'Europe, ont regagné les hautes latitudes, quand la température a commencé à s'adoucir ; mais les grandes espèces semblent n'avoir pu échapper, par ce mouvement rétrograde, à la destruction dont les menaçait l'élévation graduelle de la température ; ils périrent, et leurs seuls ossements nous attestent leur antique existence. De ce nombre ont été l'*elephas primigenius*, le rhinocéros *tichorhinus*, le cerf géant (*cervus giganteus*), le bœuf de l'époque quaternaire (*bos primigenius*), l'ours des cavernes (*ursus spelœus*).

Toutefois, bien que séparées par des caractères tranchés, ces deux populations de l'Europe, l'une tropicale, l'autre subarctique, ont dû se trouver pendant quelque temps dans des contrées limitrophes. La partie du monde que nous habitons était soumise à des températures extrêmes qui permettaient à des individus de faunes fort diverses de vivre les uns près des autres. On rencontre souvent dans les dépôts quaternaires les restes d'animaux des tropiques associés à ceux d'animaux propres aux pays du nord. Le dépôt fluviatile de Grays en Angleterre a fourni des débris d'un hippopotame et d'un singe macaque qui ont dû exister sur les bords de la Tamise, à une époque où un refroidissement intense de l'hémisphère boréal avait déjà contraint les coquilles marines arctiques de s'avancer jusque dans les mers de l'Europe centrale. Plus tard, après la première phase glaciaire, le bœuf musqué, le lemming, le renne, espèces redevenues exclusivement subarctiques, ont pu se trouver dans le centre de l'Europe avec l'éléphant et le rhinocéros d'Afrique. Peut-être aussi, à raison des conditions où ils étaient placés, ces animaux subissaient-ils dans leur pelage et leur appareil cutané des modifications qui les rendaient propres à supporter des variations considérables de température. Il existe une telle harmonie entre le climat et l'organisation des êtres animés, qu'en vertu d'une action inconnue l'individu acclimaté finit par acquérir des caractères et un instinct appropriés à sa nouvelle patrie. L'animal change de robe avec les saisons. Transporté dans des climats froids, le bœuf apprend à gratter la neige pour y découvrir l'herbe nécessaire à sa nourriture. Les chauves-souris venues des contrées chaudes échappent par l'hibernation à la rigueur des hivers sous la zone tempérée. Sans doute, il ne faut pas que ces changements soient trop brusques, ou que les conditions nouvelles deviennent trop différentes de celles que l'animal rencontrait sous un autre ciel ; mais entre certaines limites son organisation et ses habitudes sont susceptibles de se modeler sur le pays et le climat.

On voit donc que notre faune européenne actuelle est un mélange des faunes antérieures, et le contre-coup des déplacements qui se sont opérés. De nouveaux déplacements se préparent, car les choses se passent encore à peu près de nos jours comme elles se sont passées il y a des myriades d'années. Des espèces se sont éteintes ou ont abandonné leur ancien habitat presque sous nos yeux. Le *dodo*, cet oiseau bizarre des îles Mascareignes, n'existe plus depuis quelques siècles ; l'*urus*, qui errait encore dans les forêts de la Germanie au temps de César, a disparu à mesure que ces forêts se sont éclaircies ; l'élan, décrit par les anciens, n'habite plus l'Europe moyenne ; on chercherait vainement le castor en France et en Angleterre, dont il fréquentait jadis les cours d'eau ; le lynx est presque inconnu dans les Alpes et a complètement quitté les Pyrénées, où on le chassait au XVe siècle ; la panthère, qui ravageait l'Asie-Mineure à l'époque des Romains, a fui bien loin ; le lion, si redouté des anciens peuples de l'Assyrie, n'appartient plus au bassin de l'Euphrate. C'est l'homme qui a été la principale cause de la disparition de ces animaux ; il a détruit les uns, il a contraint les autres à s'éloigner ; il détruira encore bien des espèces sauvages, car l'homme civilisé anéantit ce qu'il ne peut s'assimiler ; il en agit avec les bêtes fauves comme avec les races barbares, qu'il extermine quand il ne parvient pas à les soumettre à son genre de vie.

Puisqu'il en est ainsi, on peut supposer que diverses espèces éteintes ont jadis vécu avec la nôtre, et l'on ne doit pas s'étonner si l'on rencontre les ossements de l'homme ou les ouvrages de ses mains associés à des fossiles de mammifères qui n'existent plus. Les mastodontes, dont une espèce, le mastodonte de l'Ohio, habitait l'Amérique à la période quaternaire, avec deux espèces d'éléphant, ont pu être contemporains des premières tribus qui peuplèrent le Nouveau-Monde. Ces animaux étaient singulièrement nombreux, car à Big-Bone-Lick, dans le Kentucky, on a découvert les restes d'une centaine de mastodontes et d'une vingtaine de mammouths [*elephas primigenius americanus*) unis à d'autres fossiles, ceux du mégalonyx, du cerf, du cheval et du bison. Si l'on en croit les traditions des Indiens Shawnis, ces gigantesques pachydermes fréquentaient jadis leurs forêts, et ils ont été anéantis par la colère céleste. De même en Sibérie, l'*elephas primigenius* et le rhinocéros *tichorhinus* ont pu vivre en même temps que l'homme. Le bubale de Sibérie, qui ne se trouve plus qu'à l'état fossile, rappelle beaucoup le bubale cafre, qui vit encore au Cap ; il est presque le même que le *bubalus moschalus* ou bœuf musqué qu'on a rencontré vivant dans des contrées fort boréales, l'île Melville et l'île Baring. Telle est l'opinion de M. Owen, l'un des plus éminents représentants en Angleterre de la science fondée par Cuvier.

Des découvertes toutes récentes viennent apporter à ces conjectures un commencement de preuve. Aux environs d'Amiens et d'Abbeville, on a trouvé dans le terrain quaternaire des haches en silex, taillées évidemment par l'homme. M. Boucher de Perthes avait déjà plusieurs fois signalé l'existence de silex travaillés dans ce que l'on appelait le *diluvium* ; ces vestiges de l'industrie humaine se trouvent associés à des débris d'*elephas primigenius*, de *rhinocéros tichorhinus*, de *bos priscus* et d'hippopotame. La réalité de ces gisements de silex ne saurait plus être contestée. Plusieurs des géologistes de l'Angleterre, notamment M. Joseph Prestwich, M. Falconer, sir Charles Lyell, se sont rendus en Picardie pour vérifier le fait, et ils ont donné une éclatante confirmation à ce que M. Boucher de Perthes soutient depuis plus de douze années. Auparavant l'Institut avait nommé une commission pour examiner les objets que le savant abbevillois a recueillis dans le diluvium et visiter les carrières d'Abbeville et du

faubourg de Saint-Acheul à Amiens. Malheureusement cette commission se contenta de jeter les yeux sur les haches, elle ne fit pas
creuser le sol. Ce que l'Institut avait négligé, un jeune naturaliste
à qui l'on doit déjà d'excellents travaux, M. Albert Gaudry, l'a récemment exécuté. Pénétrant dans les carrières de Saint-Acheul, que
surmonte une petite colline et qui sont à 33 mètres au-dessus du
niveau de la Somme, il put facilement s'assurer, par la position nor-
male des couches, que la main des hommes n'avait pas remanié le
sol en ces lieux. Le terrain fut creusé par ses ordres sur 7 mètres de
longueur. On abattit d'abord les bancs de limon et de conglomérat
bruns, superposés au terrain dans lequel il s'agissait de fouiller. Ces
bancs n'ont pas moins de 2 mètres de hauteur, et comme la terre à
briques dont ces couches sont recouvertes présente une épaisseur
de plus de 1 mètre, c'est de fait à une distance de plus de 3 mètres
au-dessous du sol que M. Gaudry commença son exploration. On
n'avait trouvé dans les couches supérieures ni haches, ni silex taillés :
premier point à noter et qui est conforme aux observations antérieures ; mais quand on attaqua l'assise de diluvium blanc, épaisse
de 3 mètres, et qui repose sur la craie, les haches apparurent ; M.
Gaudry les recueillit lui-même dans un banc d'une nature caillou-
teuse, à un mètre au-dessous du niveau où commence la couche qui
les renferme, et dans ce même banc se présentèrent sous la pioche
des ouvriers les ossements fossiles du *bos priscus*, espèce beaucoup
plus grande que nos bœufs actuels. Dans un autre endroit du voisinage, à Saint-Roch, les haches furent trouvées associées aux ossements de l'éléphant et du rhinocéros primitifs, dont il a été question
tout à l'heure. En Angleterre, à Hoxne (Suffolk), on vient de sonder
des terrains de même formation que ceux des environs d'Amiens et
d'Abbeville : les mêmes ossements fossiles, les mêmes silex taillés s'y
sont trouvés renfermés.

Ainsi les doutes qu'élevaient la plupart des géologues sur l'exac-
titude des observations du naturaliste abbevillois sont enfin levés.
L'homme a laissé la preuve de son existence à une époque dont
l'antiquité ne saurait encore être calculée, mais qui dépasse toutes
les prévisions et contredit même les inductions historiques. Ces
haches n'ont pu être transportées de loin, car leurs tranchants sont
à peine émoussés ; elles dénotent un état bien primitif de la société humaine, un âge où notre espèce ignorait l'emploi des métaux.
L'homme a donc habité l'Europe en même temps que les énormes
pachydermes et les grands ruminants qui ont disparu à la suite des
dernières révolutions du globe.

Alfred Maury

Ces découvertes doivent attirer une attention sérieuse sur les idées émises, il y a plusieurs années, par le savant M. Nilsson. Le naturaliste suédois a tiré de l'examen des dépôts quaternaires de la presqu'île Scandinave des inductions curieuses sur la condition des indigènes qui l'ont jadis habitée. Les observations des géologistes ont démontré qu'il s'opère dans le nord de la presqu'île un mouvement graduel d'élévation, correspondant à un abaissement dans la partie méridionale. La mer a donc vraisemblablement gagné peu à peu sur la Gothie, et il faut en conclure qu'originairement le sud de la Suède était réuni au Danemark, et par conséquent à l'Allemagne, tandis que la partie septentrionale demeurait encore sous les eaux. C'est à l'époque où la Scanie tenait au continent, qu'elle a dû recevoir les grands animaux herbivores dont les tourbières de cette province renferment les ossements ; à leur suite vinrent sans doute les carnassiers qui les poursuivaient. L'homme a dû exister à cette époque, puisqu'on a déterré près de Lund le squelette d'un *bos priscus*, portant l'empreinte bien reconnaissable d'une flèche dont il avait été atteint. Dans une autre tourbière de la Scanie, sous un monceau de cailloux contenant des restes de très anciens et de très grossiers engins de pêche et de chasse, le squelette d'un ours des cavernes a été rencontré. Les flèches et les hameçons étaient faits d'os et de pierre, tout semblables, quant à l'apparence, à ceux qu'on a retirés des antiques tumulus de la Scandinavie, construits en pierres brutes non taillées et presque constamment orientés au sud. M. Nilsson en conclut que ces tumulus renferment les ossements des premiers habitants de la Scandinavie, et en effet la forme des crânes déterrés sous ces amas de pierres brutes annonce une race fort différente de la race gothique. Ces crânes sont remarquablement courts ; ils présentent beaucoup de largeur et d'aplatissement à l'occiput ; les os pariétaux sont proéminents ; en un mot, on y retrouve les caractères ostéologiques des Lapons et des Samoyèdes.

L'existence de l'homme peut remonter aux époques géologiques qui précédèrent la nôtre, comme l'a montré M. Littré dans une curieuse étude publiée ici même. En présence des faits observés par M. Nilsson, on peut se demander si la Suède ne comptait pas déjà des habitants, il y a bien des milliers d'années, si les ossements humains découverts au Brésil par M. Lund, mêlés à des fossiles de diverses espèces perdues, ne datent pas d'une époque antérieure à tous les temps dont parle l'histoire. Quoi qu'il en soit, l'homme des âges primitifs doit avoir suivi dans leurs migrations les animaux qui peuplaient l'Europe avant l'ordre actuel, et c'est peut-être lui qui en a hâté la destruction. Ses flèches de silex, ses casse-tête, ses haches faites de pierre dure, ont donné la mort aux bêtes fauves qui inquiétaient sa demeure, et dont la chair lui fournissait une abondante nourriture. Dans les tourbières de l'Irlande, où l'on découvre souvent les restes de l'élan primitif ou cerf gigantesque, espèce actuellement éteinte, la côte d'un de ces ruminants a offert la trace d'une perforation due certainement à quelque instrument pointu. L'animal avait été frappé pendant sa vie, car on a remarqué au point atteint une effusion de calus ou de substance osseuse nouvelle, ce qui n'a pu résulter que d'un séjour prolongé dans la blessure de l'arme meurtrière.

Dans les habitations sur pilotis dont les vestiges ont été signalés en un grand nombre de lacs de la Suisse, et qui remontent incontestablement à une très haute antiquité, puisqu'il ne s'y rencontre que des armes en silex et des fragments de poterie grossière, des os d'animaux sont épars au milieu de charbons et d'objets calcinés ; ce sont vraisemblablement les restes des repas faits par les sauvages fixés dans ces demeures lacustres. Or on y voit figurer les vertèbres du cerf gigantesque de l'époque quaternaire, qui a disparu de la Suisse comme de l'Irlande, et qui, dans l'un et l'autre pays, a dû se trouver ainsi contemporain de l'homme. — La nature du terrain et non l'espèce des animaux doit au reste nous faire juger de l'antiquité de ces vestiges, puisque nous avons vu plus haut que bien des espèces s'étaient éteintes depuis l'époque historique. À Colchester, en 1849, on a découvert, au milieu de ruines romaines, les cornes et le crâne du *bos longifrons*, qui, bien qu'aujourd'hui inconnu, a dû vivre en Angleterre au commencement de notre ère.

L'extinction d'une espèce animale n'est pas un fait qu'on doive nécessairement reporter aux premiers âges du monde, et nous sommes peut-être trop enclins à reculer dans les lointaines périodes des événements que nous n'avons simplement pas vus. Si l'homme a pu être l'une des causes de l'extinction de grandes espèces dont les terrains quaternaires conservent les fossiles, il n'a d'ailleurs pas été la seule. Il existe pour les animaux tant d'agents de destruction ! Les différentes espèces se font entre elles une guerre presque aussi acharnée que nous la leur faisons nous-mêmes ; elles se dévorent les unes les autres, et toute une espèce a pu devenir la proie des carnassiers qui la poursuivaient. Le rat noir aborigène de l'Angleterre a presque totalement disparu sous la dent du rat gris du Hanovre, que portèrent au-delà de la Manche les vaisseaux de Guillaume III. Certains animaux sont d'une férocité telle qu'ils répandent en peu de temps la désolation dans la région qu'ils habitent. Tel est le lynx, maintenant chassé de nos montagnes et que nous ne voyons plus qu'à travers les barreaux d'une cage contre laquelle il exécute des sauts furieux. M. F. de Castelnau estimait dernièrement que dans la seule petite île de Singapour, les tigres faisaient par an, en moyenne, sept cents victimes. Qu'on juge de ce que ces carnassiers ont dû détruire d'animaux herbivores, quand leur espèce était partout multipliée. Et les espèces herbivores se livrent elles-mêmes des luttes terribles qui font beaucoup de victimes ; le rhinocéros est l'ennemi juré des éléphants, et les girafes, en apparence si douces, s'attaquent souvent à coups de corne avec tant de violence que l'un des adversaires succombe fréquemment.

Ces combats, où les animaux se disputaient peut-être aussi une proie ou un pâturage, ont pu graduellement réduire le nombre des individus, et il a suffi ensuite d'une disette ou d'un grand froid pour amener l'extinction définitive de la race. C'est ainsi qu'on voit les tamanoirs périr dès que les fourmis viennent à manquer, et des troupes entières d'oiseaux voyageurs tomber sans vie, épuisés par la fatigue et la faim. Vinrent aussi les courants impétueux qui se formaient pendant la période quaternaire : l'animal était asphyxié par l'immersion prolongée dans la vase que charriaient ces torrents. C'est de la sorte que paraissent avoir péri les éléphants et les autres grands mammifères dont les ossements se rencontrent en abondance dans les îles, aujourd'hui presque inhabitables, de Lachow et de la Nouvelle-Sibérie. Quelques-uns des squelettes d'éléphants qu'on a déterrés sur le littoral de la Mer-Glaciale étaient encore debout. Un savant Allemand, M. Brandt, a cru reconnaître, d'après l'état des vaisseaux sanguins de la tête du rhinocéros *tichorhinus* de Vilui, que l'animal avait dû périr par une asphyxie due à l'immersion. Ainsi ces grands pachydermes, qui broutaient les branches des arbres dont était jadis couverte la Sibérie, comme l'indiquent les restes de nourriture incrustés dans les cavités de leurs dents, ont subsisté sous un climat boréal jusqu'à ce que l'invasion des eaux et du froid ait fini par les faire disparaître. Longtemps sans doute le long poil dont ils étaient couverts, et que l'on distingue encore sur leur peau, conservée par la glace, les défendit contre la rigueur croissante du climat ; mais il vint une époque où les conditions d'existence leur manquèrent absolument, et c'est alors que leur extinction fut complète. Il en a été sans doute de même pour bien d'autres animaux. L'abaissement extrême de température tue les larves des coléoptères réfugiées dans le sein de la terre ou des végétaux ; il engourdit graduellement les reptiles et peut amener leur mort.

Il n'est donc pas besoin d'avoir recours à de grands cataclysmes, à des déchirements violents et inattendus pour expliquer la destruction des animaux qui ont précédé notre époque. Une première race d'hommes a-t-elle aussi disparu avec eux ? Nous l'ignorons ; mais si le fait a eu lieu, c'est qu'impuissant à lutter contre une nature encore marâtre, l'homme a fini par succomber dans la lutte qu'il lui fallait soutenir tous les jours pour subsister et se reproduire.

### Section III

Une fois une espèce détruite, une fois un certain type anéanti dans une contrée, il ne semble pas que cette espèce, que ce type y puisse renaître, quand bien même les conditions se prêteraient au plus haut degré à son existence et à son développement. Il faut que l'espèce qui a disparu y soit ramenée de quelque point du globe où elle a persisté. Les faits contemporains nous démontrent la réalité de cette loi, et, si l'on se reporte au début de la période actuelle, on reconnaît qu'il a dû en être de même dès l'origine. M. Lund a découvert dans les cavernes calcaires situées près du Rio-das-Velhas, au Brésil, des ossements de cheval associés à ceux d'espèces éteintes ou qu'on rencontre encore en d'autres points de l'Amérique méridionale. Le cheval avait donc jadis habité le Nouveau-Monde, mais il en avait disparu. En vain les grandes plaines de la Plata semblaient faites pour produire ce solipède, le cheval n'y reparut pas tant que les Portugais ne l'y eurent point introduit ; mais alors il se propagea avec une incroyable rapidité, tant la contrée lui offrait de conditions favorables. La même chose est arrivée pour le bœuf et pour la chèvre. Un phénomène d'un ordre identique s'observe tous les jours pour les plantes. Telle espèce végétale, une fois apportée dans une contrée, s'y répand avec tant de rapidité, qu'elle y prend tout à fait le caractère d'une plante indigène.

L'aire occupée par les animaux subit donc des variations dues au retour possible d'une espèce dans des contrées où elle avait été détruite ; elle s'étend, mais elle peut aussi se rétrécir. Si les conditions nécessaires à l'existence d'une espèce, à la perpétuation d'un type, disparaissent peu à peu de la surface du globe, le domaine de cette espèce se circonscrit de plus en plus, et elle arrive bientôt à ne plus occuper qu'un point restreint sur le globe. Il s'ensuit que les types que nous ne rencontrons aujourd'hui que dans des régions particulières, au lieu de nous apparaître comme des créations toutes locales, doivent être pris pour les restes d'une faune en voie de disparition. On sait qu'aux anciennes périodes géologiques, et notamment à celle du *lias*, étage qui sert de base à la formation jurassique, les sauriens marins étaient fort nombreux ; actuellement il n'existe plus qu'un seul lézard marin, c'est l'*amblyrhinchus cristatus*, fort commun dans les îles de l'archipel des Galapagos, et qui atteint quelquefois la longueur de 1m 22.

L'*amblyrhinchus cristatus* est donc le reste dégénéré de la faune erpétologique des anciens âges. Trouvant encore dans la mer du sud près d'un archipel les conditions qui étaient, des milliers d'années auparavant, largement répandues sur le globe, il s'y est conservé. Le lama, cantonné aujourd'hui dans les Andes, a laissé ses ossements fossiles dans les grottes du Brésil, où il a jadis habité. Le crocodile, le paresseux, l'hippopotame, le rhinocéros semblent être de même les derniers représentants de la faune des époques antérieures. Parmi les oiseaux, on en peut dire autant du condor et de l'étrange famille des casoars particulière à l'Océanie occidentale et appartenant à un ensemble de types qui se maintiennent encore dans cette partie du monde. L'*aptéryx*, cet oiseau bizarre, sans ailes ni queue, qui ressemble à un hérisson et qui cherche sa nourriture la nuit, paraît à notre époque un animal isolé dans la création ; mais l'étude des ossements fossiles de la Nouvelle-Zélande, qu'habite l'aptéryx, nous montre qu'il faisait partie d'une catégorie de gros oiseaux primitivement fort répandue dans la Polynésie. Le *dinornis*, ou *moa* des Kanaks, a laissé dans des marais quelques débris de sa dépouille, et rien ne s'oppose à ce qu'on admette avec les insulaires que cet oiseau monstrueux vivait encore dans l'île à une date peu éloignée.[1]

L'autruche, oiseau non moins singulier que les struthions de la Nouvelle-Zélande, qui semble un intermédiaire entre les quadrupèdes et les volatiles, et ne se rencontre sous deux formes différentes que dans l'Afrique et l'Amérique méridionale, peut être regardée comme un des derniers descendants d'une famille de grands oiseaux marcheurs habitant nos régions à l'époque tertiaire, ainsi que l'a démontré la présence du tibia du *gastornis parisiensis* aux environs de Paris. Celui-ci était, d'après les observations de M. Owen, un oiseau plus lourd que l'autruche. L'espèce en a disparu depuis la période miocène ; mais l'*outarde*, de plus en plus rare dans notre France, est le représentant abâtardi de cette bizarre création ornithologique.

Là où nous remarquons que les mêmes types ont persisté depuis

---

1 Ses ossements ont été découverts près d'ossements humains.

des époques très éloignées, que les espèces n'ont subi que des modifications peu profondes, on doit admettre que les conditions biologiques ont à peine changé. M. Lund a trouvé dans les cavernes du Brésil, mêlés aux fossiles d'espèces éteintes, les restes de didelphes, d'édentés, de tapirs, de chauves-souris, fort analogues à ceux qui habitent aujourd'hui cette partie de l'Amérique. La prédominance des marsupiaux caractérise la faune paléozoïque de l'Australie comme sa faune actuelle ; seulement cette classe d'animaux à poche, qui embrasse des genres correspondant aux différentes divisions des mammifères, comptait un plus grand nombre de types et des espèces beaucoup plus grandes. Là encore s'est manifestée une sorte de dégénérescence. Les faunes spéciales qui apparaissaient à quelques naturalistes comme des créations comparativement récentes sont au contraire les preuves d'une antique distribution des animaux, les derniers représentants de types qui tendent à s'effacer. De même on reconnaît par l'étude des coquilles fossiles que des mollusques actuellement assez rares étaient fort communs aux âges antérieurs.

L'origine de la distribution présente des animaux et des plantes[2] doit ainsi être cherchée dans les distributions antérieures. De même qu'une société se compose de familles plus ou moins anciennes et de patries diverses, la faune d'une contrée embrasse des espèces très différentes d'âge et de point de départ. Les unes, bien que fort répandues, n'ont apparu que récemment : ce sont les anoblis de fraîche date ; les autres, confinées dans quelque coin du globe, remontent à une haute antiquité : elles rappellent ces nobles de vieille souche dont les ancêtres ont rempli le pays de leur nom, et qui vivent maintenant retirés dans leurs manoirs. Il faudrait donc, pour avoir une idée exacte des causes qui ont présidé à la répartition actuelle des espèces animales, être en état de tracer pour chaque époque la carte de notre terre, il faudrait que le bel atlas historique de Spruner pût remonter aux âges primordiaux ; alors on s'expliquerait bien des anomalies, l'on aurait la raison des singuliers mélanges que nous offrent aujourd'hui certaines faunes locales. Mais que de recherches sont nécessaires ! Il faudra compter pour ainsi dire toutes les espèces présentes et passées, déterminer nettement la distinction entre les unes et les autres. L'acclimatation, la propagation des animaux domestiques, qui remontent à des temps déjà fort anciens, apportent des perturbations de plus en plus grandes dans la faune naturelle.

---

2 Voyez à ce sujet l'excellent ouvrage de M. Alph. de Candolle, *Géographie botanique raisonnée* (Paris 1855), et l'article publié par M. Ch. Martias dans la *Revue* du 1ᵉʳ octobre 1856.

Alfred Maury

Les premières émigrations humaines qui passèrent d'Asie en Europe introduisirent dans cette dernière région certains mammifères, certains oiseaux qu'on avait déjà domestiqués, et jusqu'à des insectes comme l'abeille, des parasites comme la puce et le pou. C'est ce qui ressort de l'étude des mots par lesquels ces animaux de nature diverse sont désignés chez les peuples indo-européens. M. Ad. Pictet, qui porte un nom cher à la paléontologie, a substitué à l'observation des fossiles celle des radicaux sanscrits. Dans son ouvrage sur les *Origines indo-européennes*, il a réussi à retrouver le berceau des espèces domestiques, en prenant pour guide l'étymologie ; mais, comparées à celles qui avaient émigré plus anciennement et qui émigreront dans l'avenir, ces espèces venues de l'Asie ne s'offrent qu'en petit nombre, et la philologie comparée des autres familles de langues fournirait peut-être de nouvelles lumières sur le problème auquel M. Ad. Pictet a tenté d'appliquer un si ingénieux moyen de solution.

Jadis ce furent surtout des causes physiques qui déterminèrent les révolutions par lesquelles les espèces furent contraintes de chercher une nouvelle patrie. De nos jours, c'est l'homme qui est le principal agent de transport et de destruction des animaux. Il s'est substitué en cela à la nature, et il refait peu à peu la demeure au sein de laquelle il a pris naissance. Un ordre particulier de phénomènes sortira de cette action incessante de l'humanité sur le sol et la création ; dans les âges futurs, au lieu du jeu fatal et irrésistible des forces cosmiques, on verra agir l'intelligence qui transforme, modifie et combine, qui fait servir les principes immuables des choses à la production d'effets nouveaux. Il semble que les premières époques géologiques n'aient été qu'un long prélude du drame qui est commencé seulement depuis quelques siècles, qu'une œuvre préparatoire dont l'objet était de permettre à l'humanité d'asseoir son empire. Maître de la terre, l'homme, ce roi des animaux, tend maintenant à effacer les vestiges de l'état primitif où était le globe à son apparition ; il en change la faune et la flore ; il fait naître artificiellement des variétés qu'il perpétue par la culture ou l'éducation ; il détruit tout ce qui est spontané et primitif ; il veut pour ainsi dire que rien ne pousse que par ses mains, que rien ne vive hors de sa dépendance. Fier de sa destinée et comme honteux de son origine, il anéantit cette nature sauvage et effrayante, mais grandiose et énergique, au milieu de laquelle il fut jeté, frêle et misérable créature ; il lave les dernières taches qu'il garde encore du limon dont Dieu l'a pétri !

Ainsi rien n'est immuable dans l'univers. Il n'y a de permanent que les lois qui le régissent. Des effets toujours nouveaux résultent de leur action continue. Si la paléontologie nous montre que des créatures nouvelles ont graduellement remplacé celles qui avaient disparu, la géographie zoologique nous apprend que la distribution des espèces animales, qui a tant de fois changé, sera soumise encore à bien des vicissitudes.

ISBN : 978-1548276591

Alfred Maury